Dieses Buch gehört:

Sabine Flunker Gereon Klug

Wir verstecken uns

Herausgeber dieses Buches ist IMPULS Deutschland Stiftung e.V.

Der erste und wichtigste Lernort von Kindern ist die Familie.
IMPULS Deutschland Stiftung e.V. ist ein gemeinnütziger Verein mit Sitz in Bremen, der Bildungsprogramme entwickelt und betreibt: Zur Ermutigung von Müttern und Vätern, sich aktiv und intensiv am Aufwachsen ihrer Kinder zu beteiligen – von der Geburt bis zum Start in die Schule.

IMPULS

Entdecken, lernen, gestalten. Frühe Bildung in der Familie.

Das sind Elani und
ihre Freunde.

Sie wollen draußen
zusammen spielen.

Aber niemand hat etwas zum Spielen mitgenommen, Elani nicht, der kleine Löwe nicht und die Giraffe auch nicht.

Was können die Drei denn
hier spielen?

Vielleicht können sie hier im
Wald Verstecken spielen?

Ist das Verstecken, was die Giraffe
und der kleine Löwe machen?

Oder sollen sie sich hinter etwas verstecken? Elani darf sie ja nicht mehr sehen.

Was meinst du?

So spielen sie Verstecken.
Elani hält sich die Augen zu
und zählt langsam bis fünf.

Jetzt können sich
alle verstecken.

Der kleine Löwe und die Giraffe haben sich versteckt.

Aber sind das gute Verstecke?

Besser noch mal
versuchen.

Jetzt sind sie gut versteckt.
Oder siehst du sie noch?

Niemand ist mehr zu sehen.
Ist Elani ganz alleine?

Nein. Elani hat ihre Freunde gefunden.
Sie sind immer noch bei ihr.

Jetzt spielen alle Tiere aus dem Wald mit
Elani, dem kleinen Löwen und der Giraffe.

Sie spielen natürlich
Verstecken.

Das klappt jetzt richtig gut.

Projektleitung
Moritz Müller

Konzeption
Sabine Flunker, Gereon Klug

Text
Gereon Klug

Illustration und Grafik
© Sabine Flunker

Förderer
Deutsche Postcode Lotterie
Niedersächsische Lotto-Sport-Stiftung
RDM-Stiftung

Herausgeber
IMPULS Deutschland Stiftung e. V.
Hermann-Ritter-Straße 112 | 28197 Bremen
Tel: +49 (0)421 696786-0 | Fax: +49 (0)421 696786-86
E-Mail: info@impuls-familienbildung.de | www.impuls-familienbildung.de
Geschäftsführender Vorstand: Peter Weber

ISBN 978-3-948604-05-9